④おもしろ対決

もくじ

かわいさ対決 ……… 6
コアラ vs. パンダ
人気を二分する生き物どうし。
どちらがかわいい？

おもしろがお対決 …8
メガネザル vs. クロザル
とっても変なかお！
どちらのかおがおもしろい？

ハデハデ対決 ……10
ウミウシ vs. ヤドクガエル
ハデハデ、キラキラ、
どちらが上だ？

変そうじょうず対決 …12
コノハムシ vs. ハナカマキリ
葉っぱや花にそっくり！
変そうじょうずはどちらだ？

おっぱいの数対決 …14
ブタ vs. イノシシ
動物界きっての子だくさん、どちらのおっぱいがたくさんある？

ミルクのこさ対決 …16
ハト vs. ウシ
ミルクで子育て！？
こいミルクはどちらだ？

かかあ天下対決 …18
ワオキツネザル vs. ブチハイエナ
メスに頭が上がらない！
どちらのかあちゃんが強い？

イクメン対決 ……20
タマシギ vs. エミュー
かんぺき育児の男子どうし！
どちらのイクメン度が高い？

生き物対決スタジアム
どっちが強い？
どっちがスゴイ？

イクメン対決 ……22
コオイムシ vs. タガメ
めずらしい昆虫界のイクメンたち、どちらのイクメン度が高い？

産卵数対決 ………24
ハキリアリ vs. シロアリ
母はすごい！産卵数で勝るのはどちらだ？

スローライフ対決 …26
スローロリス vs. ナマケモノ
のんびりゆったり生活を送っているのはどちらだ？

ダンス対決 ………28
カンザシフウチョウ vs. コウロコフウチョウ
ふくざつなダンスでメスをさそう。ダンスじょうずはどちらだ？

群れの大きさ対決 …30
コウモリ vs. ムクドリ
飛ぶ群れはまるで竜！どちらの群れが大きいか？

巣の大きさ対決 …32
シュモクドリ vs. シャカイハタオリ
巨大な巣で子育て、どちらの巣が大きいの？

登場する生き物のかいせつ ……………34

さくいん ……………………………37

かわいさ対決

コアラ vs. パンダ

まるっこいかお、ずんぐりしたからだつき、ふわふわの毛…
コアラとパンダは、人間にかわいいと感じさせるものを
いっぱいもっています。さてそのコアラとパンダ、
いったいどちらがよりかわいいのか対決です。

コアラ

からだのわりに大きくてまるっこいかお、ふわふわの毛など、かわいさ満載です。

やや長い四肢ですが、それでもずんぐりしたからだつきです。

大きくてまるっこいかお

コアラは、母親のおなかのふくろで子どもを育てる有袋類のなかまです。体長72〜78cm、体重4〜15kg。オーストラリア東部の林にすみ、ユーカリの葉を食べます。愛らしいすがたが、動物園でも人気です。

プラス1情報

かわいい！ゆるキャラ

全国各地に、その地方を代表するゆるキャラがいます。ほとんどのゆるキャラは、みる人にかわいくおもわせる、とくちょうをもたせてデザインされています。

埼玉県深谷市のゆるキャラ「ふっかちゃん」

パンダ

目のまわりの黒いもようが、大きなたれ目のようにおもわせます。

まるでぬいぐるみ

パンダ（ジャイアントパンダ）は、体長120〜150cm、体重75〜160kgで、中国の中西部の山にすみ、おもにタケを食べます。大きくてまるいかお、まるいからだ、ずんぐりした四肢など、どこをとってもかわいいとおもわせます。まるで巨大なぬいぐるみです。

パンダの子ども。動くすがたもかわいいですね。

勝者はどちら？

パンダの勝ち？

人間にかわいいとおもわせる、生き物の赤ちゃんのからだのとくちょうが、いくつかあります。そのとくちょうを変えてみたのが、下のイラストです。たしかに上にほうに目がついたコアラや、スマートなパンダはかわいくありませんね。かわいくおもわせるポイントをひとつひとつみていくと、パンダの勝ちという結果になりました。でも3つ目の「かおの中央より下についた大きな目」では、パンダの目自体は小さいのに、目のまわりの黒いもようが目を大きいように感じさせ、パンダは得をしてます。
かわいさ対決、両者ともいい勝負です！

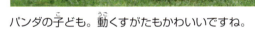

かわいくおもわせるポイント対決

からだのわりに大きな頭	ひきわけ
広くてややつきだしたひたい	ひきわけ
かおの中央より下についた大きな目	パンダ
まるみをもつほっぺた	ひきわけ
みじかくてふとい足	パンダ
まるみのあるからだ	ひきわけ
やわらかそうなからだの表面	ひきわけ

上にほうに目がついたコアラ

スマートなパンダ

日本で飼育されているパンダは、すべて中国からかりています。

おもしろがお対決

メガネザル vs. クロ
（ブイエス）

インドネシアやフィリピンなど東南アジアの島にすむメガネザルと、インドネシアのスラウェシ島にすむクロザルは、どちらもサルのなかまです。かれらには失礼ですが、かってにおもしろがお対決をしてもらいましょう。

メガネザル

ひるまはまぶしすぎて、目はよくみえないようです。

メガネザルは夜行性

体長10～15cm、体重100～120gほどの小さなサルです。目はふつりあいなほど巨大で、とてもおもしろいかおをしています。この大きな目は、メガネザルが夜行性であることと関係しています。かれらは木の上でくらし、夜になると昆虫や小さな動物をつかまえて食べます。夜でもみえるように、目は大きく発達し、ひとつが脳とおなじくらいの重さとなっています。

音をたよりにえものをさがし、目でたしかめて、飛びついてつかまえます

プラス1情報

首がまわる！

メガネザルは目が大きすぎるからでしょうか、目玉自体を動かすことができません。そのかわり、首をぐるりとまわして、真後ろにむけることができます。

ザル

クロザル

森林にむれでくらします。

群れでくらす

体長60cmほどで、全身が黒や黒かっ色のために、このなまえがあります。クロザルはとても表情豊かで、おもしろいかおをみせます。そのわけは、このサルが群れでくらすからです。50頭ほどのそれほど大きくない群れですが、どうしてもいさかいがおきてしまいます。いさかいがはげしくなってけんかになると、けがをしてしまいます。けがは野生のくらしでは、致命傷になることもあります。このいさかいをさけるため、かおで気持ちを伝えます。そのかおが、とてもおもしろくみえるのです。

おとなはかおも真っ黒ですが、子どもは白っぽいかおです。

あいさつ
ニッと口をひらき、パクパクと口をあけしめ

なだめ
口でピチャピチャと音を立てる

おどし
歯をむきだしにします

勝者はどちら？

クロザルの勝ち？

どちらもおもしろいかおをしていますが、かってに勝ち負けをつけてしまいましょう。なかまとのいさかいをさけるために、進化してきたかおの表情によるコミュニケーションはおもしろくて、魅力的です。この勝負、クロザルの勝ちでしょうか？

クロザルは5000頭ほどに数がへっていて、絶めつが心配されています。

ハデハデ対決

ウミウシ vs. ヤド

生き物の中には、とてもハデなからだの色をしたものがいます。めだちすぎて、敵にすぐに居場所を知られてしまうのではないかと、心配してしまいます。ウミウシとヤドクガエル、ハデさのひみつと、どちらがハデかくらべてみましょう。

シンデレラウミウシ

アオウミウシ

ウデフリツノザヤウミウシ

オトヒメウミウシ

セスジミノウミウシ

ウミウシ

食べてもおいしくないよ…

ウミウシは巻貝のなかまで、海にすんでいます。貝がらはからだの中にうもれているか、なくなっています。どの種もハデなからだの色と、変わったかたちをしています。貝のなかまだからおいしいのでは…とおもうのですが、じつはまったくおいしくありません。このハデなからだは、敵に「食べてもおいしくないよ」とアピールしているのです。

クガエル

コバルトヤドクガエル

モウドクフキヤガエル

ハイユウヤドクガエル

キオビヤドクガエル

ヤドクガエル

おそろしい毒があるよ!!

ヤドクガエルは、北アメリカの南部から南アメリカにかけてすんでいるカエルで、おおくの種が皮ふに毒をもっています。先住民がこの毒をふき矢のさきにぬって、狩りに使ったことからヤドクというなまえがつきました。ヤドクガエルのハデなからだの色は、敵に対して「毒があるからきけんだぞ」と警告しているのだとされています。

勝者はどちら?

ウミウシの勝ち?

ヤドクガエルのほうが、毒どくしいからだの色ですが、ウミウシはハデな色のほかに、ふさふさがついていたり、ひらひらがついていたりしていて、ハデさは勝っているのではないでしょうか。ウミウシの勝ち?

ヤドクガエルの毒は神経をまひさせる毒で、カエルがからだの中でつくるのではなく、アリやダニの毒をためたものです。

変そうじょうず対決

コノハムシ vs. ハナ

生き物の中には、まわりのけしきにとけこむもようや、かたちで変そうしているものがいます。
インドや東南アジアの森にすむ、コノハムシとハナカマキリ、どちらが変そうじょうずでしょう。

コノハムシ

コノハムシは、足のふしのかたちまで、葉っぱのようです。

葉っぱのきずもにせる！

体長6〜8cmのコノハムシは、ナナフシに近い昆虫で、はねはもちろん、足のもようも葉っぱにそっくりです。おどろくことに、きずやちぎれた部分までにせています。木のえだにいると、葉っぱとみわけがつきません。鳥や肉食の昆虫などの敵から、みつかりにくくしているのです。

プラス1情報

体長は6〜10cmの昆虫です。おおくは林でくらし、幼虫も成虫も木の葉を食べます。木のえだとみわけがつきません。たまごは、まるで植物のたねのようです。

日本にもいる変そう名人 ナナフシ

カマキリ

ハナカマキリ

花にまぎれてじっとえものをまつハナカマキリ。

においまで変そう

ハチやチョウなどのえものは、花とまちがえて、蜜をもとめてハナカマキリのそばにやってきます。おどろくことに、ハナカマキリは、えものがなかまをよぶときのにおいのような物質（フェロモン）までだして、おびきよせていることがわかりました。

花のすがたと、フェロモンにさそわれて、えものが近づきます

とげのあるかまで、かかえるようにしてえものをとらえます

勝者はどちら？

ハナカマキリの勝ち

葉っぱのすじや、きずまでもにせていて、コノハムシの変そうはかんぺきです。変そう自体はコノハムシに軍配が上がりますが、ハナカマキリはにおい（フェロモン）までだして、えものをおびきよせるなど、手のこんだ変そうで、総合するとハナカマキリの勝ちでしょうか？

こうした変そうを擬態といいます。ハナアブがハチのようなもようをしているのも、擬態のひとつで、敵にきけんな生き物とおもわせています。

ブタ vs. イノシシ

おっぱいの数対決

ブタは子だくさんで、それだけおっぱいがたくさんあります。
そのブタは、野生のイノシシを改良して生まれました。
長く家畜として飼われてきたブタと、野生のイノシシ、
おっぱいの数対決はどちらの勝ちでしょうか。

ブタ

平均で14こ！

ブタは改良の結果、より肉がとれるように、からだが大きくて胴が長くなりました。胸椎はイノシシが13〜14こなのに対して、14〜18こあります。繁殖力も上がり、子だくさんになって、それだけおっぱいの数がふえて14〜18こ、平均で14こあります。胸椎が多くて胴が長いので、たくさんのおっぱいがあってもだいじょうぶです。

子どもは10頭ほど生まれます。それぞれの子はすぐに自分のおっぱいを決めて、そのおっぱいからしかミルクを飲みません。

イノシシ

子どもはすじもようがあり、ウリ坊とよばれます。

平均で 10 こ

イノシシは、ブタよりずっとすっきりしたからだです。1回の出産で、子どもは平均5頭ですので、おっぱいの数もブタほどおおくなくて、10こです。

ブタとイノシシの ちがい もっと

ブタとイノシシは、おっぱいの数のほかにもちがいがあります。どれも家畜として人間の役に立つように改良された結果です。

成長のスピード
ブタはイノシシより腸が長く、それだけ栄養の吸収がはやくて、2倍のスピードで成長します。

出産の回数
イノシシは年1回、5月ごろに出産しますが、ブタは年に2〜3回出産できます。

勝者はどちら？

ブタの勝ち！

ブタは、長く家畜として飼われてきて、イノシシとくらべて、一度にたくさんの子どもを生めるようになりました。おっぱいの数が少なかったら、子どもを育てることができません。この勝負ブタの勝ちです。
ブタの出産で、おっぱいの数よりおおく子どもが生まれたときは、ほかのおかあさんブタにおっぱいを飲ませてもらうようにします。

ブタの子どもには、イノシシの子どものような、すじもようは、ほとんどみられません。

ミルクのこさ対決 ハト vs. ウシ

ミルクで子育てをするのはほ乳類で、中でもウシは、わたしたちに身近な牛乳を提供してくれます。ところが、ほ乳類ではないのに、こいミルクで子育てをする生き物がいます。ハトです。ウシとハト、どちらのミルクがこいでしょうか。

ハト

キジバトは、木のえだなどに巣をかけて子育てをします。

ハトのミルクはそのうの一部

食べたもののとおり道である食道のとちゅうに、そのうという部分があります。そのうは、いったん食べ物をためておくところです。子育ての時期に、ハトのそのうの内部のかべがふくらみ、はがれおちたのがハトのミルク（ピジョンミルク）です。たんぱく質やしぼうをふくんだ、えいよう豊富なヒナの食べ物です。

ハトはおもに植物の葉やたねを食べますが、ヒナにとっては消化しにくい食べ物です。ふ化して7〜10日間、このミルクでヒナは育ちます。ピジョンミルクはオスもつくることができます。

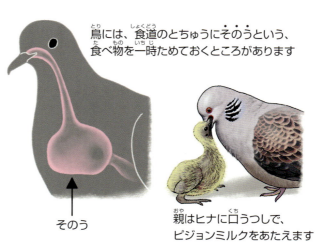

鳥には、食道のとちゅうにそのうという、食べ物を一時ためておくところがあります

↑そのう

親はヒナに口うつしで、ピジョンミルクをあたえます

ウシ

ウシのミルクは血の成分の一部

ほ乳類であるウシは、おっぱいで、血の中にふくまれる水分と栄養分をとりだしてミルクをつくります。ほ乳類では、ミルクをつくれるのはメスだけです。

ミルクの成分（パーセント）

	水分	たんぱく質	しぼう
ハト	77	12	9
ウシ	88.5	3	3.5

プラス1情報

フラミンゴもミルクで子育て

ハトとおなじく、フラミンゴのなかまもそのうでつくるミルクで子育てします。ミルクには赤い色素がふくまれていて、ヒナはだんだんはねがピンクになってきます。

ベニイロフラミンゴ。

勝者はどちら？

ハトの勝ち！

ミルクの成分をくらべると、ハトのミルクはたんぱく質、しぼうともウシのミルクよりおおく、かなり栄養分のこいミルクで、ミルクのこさの勝負はハトの勝ちです。しかしそれぞれの動物のミルクは、その動物が育つのにもっとも適したもので、どちらがすぐれているということではありません。

ピジョンミルクで子育てするので、ハトはえさの少ない時期でも子育てができます。

かかあ天下対決

ワオキツネザル vs.

ワオキツネザルとブチハイエナは、どちらも群れをつくり、群れの中で、メスはオスよりも立場が上で、まさにかかあ天下です。メスにひきいられ、なわばりを守るあらそいをしたり、狩りをしたりします。さて、どちらのメスが強いでしょうか。

ワオキツネザル

口ふんが長くてキツネのようなかおつきです。

おかあさんザルを中心に群れを守る

ワオキツネザルは原始的なサルのなかまで、15～20頭ほどの群れでくらしています。群れの中心はメスで、オスザルは頭が上がりません。子どもをもつおかあさんザルどうしの結びつきが強く、おたがいに助け合います。群れのなわばりは、となりの群れと重なるところがあり、ときにあらそいになります。おかあさんザルは子ザルを背中にのせたり、腹にかかえたりしたまま、まっさきにあらそいにくわわります。

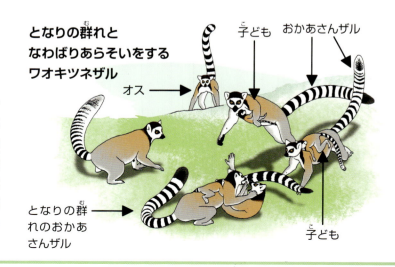

となりの群れとなわばりあらそいをするワオキツネザル
オス／子ども／おかあさんザル／となりの群れのおかあさんザル／子ども

ブチハイエナ

ブチハイエナ

からだにぶちもようがあるので、このなまえがあります。

リーダーはメスで代々長女にひきつがれる

ブチハイエナはアフリカにすむ、体長1～1.8mほどのやや大型の肉食動物です。20～80頭の群れをつくり、群れでえものを狩ります。メスのほうがオスよりからだが大きく、もっとも強いメスがリーダーとなります。リーダーはそのメスの長女が受けつぎます。オスはメスだけではなく、子どもよりも順位がひくい立場で、子どもにも道をゆずります。メスは攻げき性が強く、にせのおちんちんをもっています。これは産道の一部ですが、細くて長いために、母と子はいのちがけの出産となります。

ハイエナの順位 / メス / 子ども / オス

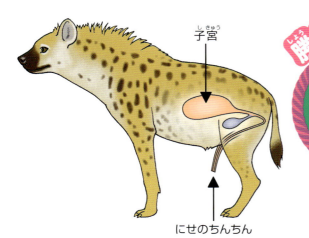

子宮 / にせのちんちん

勝者はどちら？

この勝負ひきわけ！

ワオキツネザルとブチハイエナ、どちらもメスが群れをまとめ上げます。ライバルや敵から群れを守り、食べ物を手に入れるために、力を合わせます。おかあさんたちが率先してたたかうワオキツネザル、リーダーメスをトップに絶対的な順位づけがあるブチハイエナ、かかあ天下対決はひきわけでしょう！

ハイエナはほかの肉食獣から食べ物をうばうという印象ですが、ほとんどの食べ物は自分たちの狩りによるものです。

イクメン対決 タマシギ vs. エミュー

育児をするおとこ（メン）をイクメンといいます。鳥の世界にもイクメンがいます。中でも日本にもいるタマシギと、オーストラリアにいるエミューは、子育てをオス親だけでする、かんぺきなイクメンです。さて、どちらのイクメン度が高いでしょうか。

タマシギ

たまごをあたためるオス親。

ヒナをつれたオス親。いつもあたりをけいかいし、敵が近づくとはねを広げておどします。

巣もオス親が用意する！

タマシギは、日本では本州中部より南にいて、水田や湿地などで生活します。体長は22～28cmで、メスのほうがやや大きくて、はねの色もきれいです。繁殖期の4～10月、メスがオスに求愛し、つがいになります。水辺にかれ草で巣を用意するのはオスで、メスが生むたまごはふつう4こです。メスはたまごを生みおえると、ほかのオスとつがいになるために、どこかにいってしまいます。のこされたオス親は、約19日間、たまごをあたためます。ふ化したあとも、ヒナを約1か月間ひきつれて育てます。

メス（右）がオスに対して、はねを広げて求愛します。つがいとなると、産卵がおわるまでの約1週間だけ夫婦でいます。

エミュー

首にもはねが生えています。

ヒナをつれたオス親。

飲まず食わずで たまごをあたためる

エミューは、オーストラリアの草原や砂ばくにすむ、ダチョウのなかまです。頭の高さは1.6〜2mの大きな鳥で、飛ぶことはできませんが、時速50kmで走ることができます。一度に10〜30このたまごを生みます。生んだあとは、メスはほかのオスを求めて巣をはなれます。オス親はひとりで2か月間、飲まず食わずでたまごをだきつづけます。ヒナが生まれたあと2〜3か月間は、オス親がヒナをつれて育てます。ヒナをつれているあいだ、オス親はとても攻げき的になり、敵だけではなくメスさえも追いはらってしまいます。

エミューのたまご。直径約10cm。オス親は、1日になんどもたまごをひっくり返しながらあたためます。

プラス1情報

イクメンがおおい ダチョウのなかま

ダチョウは、メスとオスがともに子育てをします。オスはちょっとしたイクメンですね。しかし、ダチョウのなかまには、エミュー、ヒクイドリ、ダーウィンレアなど、オスだけで子育てするかんぺきイクメンがおおくいます。

イクメンのヒクイドリ。オーストラリアの北東部にいます。

勝者はどちら？

エミューの勝ち？

どちらもオス親だけで、子どもを育て上げるかんぺきなイクメンで、勝敗をつけがたいですね。でもエミューは、飲まず食わずでたまごをだき、ヒナが生まれるころには体重は3分の2までへってしまうといいます。この勝負はエミューの勝ちでしょうか。

東南アジア、ニューギニアなどにいるトサカレンカクという鳥も、オスだけで子育てをするかんぺきイクメンです。

イクメン対決 コオイムシ vs. タガメ

育児をするおとこ（メン）をイクメンといいます。
昆虫の世界にもイクメンがいます。
田んぼや池にいる、カメムシのなかまのコオイムシとタガメです。
さて、どちらのイクメン度が高いでしょうか。

コオイムシ

ふ化して、子どもがたまごからかおをのぞかせています。

背中で子育て！

コオイムシは、体長1.5〜2cmのカメムシのなかまです。そのなまえのとおり、背中にたまご（子）をおって育てます。しかもたまごをせおうのはオス親です。春〜夏、交尾したメスはオスの背中に30〜100このたまごを生みます。オスはたまごがふ化するまで、約1か月たまごを守ります。しかし、ふ化した幼虫のめんどうをみることはありません。

オス（下）の背中にたまごを生みつけるメス。

たまごを守るタガメのオス。

タガメ

たまごを守る

タガメは、体長5～6.5cmの大型のカメムシのなかまです。交尾をすませたメスは、水の近くのくいや植物のくきに、60～100このたまごを生みつけます。メスはそのままはなれます。オスはたまごのそばにいて、かんそうしないように水をかけたり、敵に食べられないように守ります。約10日でふ化し、たまごからでた幼虫は水におちて生活をはじめます。

ふ化するタガメ。幼虫はそのまま水におちます。

プラス1情報 たまごをこわすメス!?

タガメのメスは、べつのメスが生んだたまごを保護しているオスをみつけると、そのたまごをこわすことがあります。たまごがあると、オスは繁殖をしないからです。たまごがなくなると、オスはそのメスと交尾し、そのたまごを育てます。

勝者はどちら？ この勝負ひきわけ？

たまごをせおって行動するコオイムシと、たまごのそばにつきっきりでせわをするタガメのオス、せわのしかたはちがっても、どちらもイクメン度は高いですね。この勝負はひきわけです。

コオイムシとタガメは数がへっていて、絶めつが心配されています。

産卵数対決

ハキリアリ vs. シロアリ

アリとシロアリは、大きなコロニー（集団）をつくってくらします。メンバーには、はたらきアリ、兵アリなどがいて、すべて1匹の女王が生んだものです。熱帯アメリカのハキリアリと、オーストラリアなどにいるシロアリの女王は、どちらの産卵数がおおいでしょうか。

ハキリアリ

大あごで切りとった葉をはこぶハキリアリ。

キノコを育てて食べ物にする

ハキリアリはアリのなかまで、植物の葉を切りとって地下の巣にはこび、葉に菌をうえつけてキノコを栽培します。キノコは幼虫の食べ物となります。ひとつのコロニーには100万匹以上のメンバーがいて、古い巣では800万匹にもなります。女王アリは体長3〜4cmで20年という一生のあいだに、2億個も産卵するといわれています。

巣をつくりはじめた女王は、世話をさせるはたらきアリがまだいないので、自分で幼虫を育てます。

シロアリ

巨大なシロアリ塚にすむ

アリとなまえがついていますが、シロアリはゴキブリに近い昆虫です。シロアリ塚とよばれる巣をつくるシロアリは、オーストラリア、アフリカ、東南アジア、南アメリカなどにいます。塚は高さ10m以上にもなり、その地下には広大な巣あなが広がり、300万匹をこえるメンバーが生活をしています。食べ物は、おもにくさった木材です。女王アリは体長10cm以上にもなり、100年も生きて産卵をつづけます。一生のあいだに、推定で50億個も産卵する女王もいるといわれています。

オーストラリアのシロアリの塚。塚はふんとだ液をまぜた材料でつくります。

オーストラリアのシロアリの女王アリ。はたらきアリのせわをうけて、ひたすら産卵するのがしごとです。

勝者はどちら？

シロアリの勝ち！

アリもシロアリも女王アリは、はたらきアリのせわをうけて、ひたすら産卵だけをします。ハキリアリもすごいですが、寿命が長いぶんシロアリの女王の産卵数が圧倒しています。もちろん産卵数はいずれも推定なのですが、巨大な巣や塚をみるとなっとくができませんか。

プラス1情報

日本のクロヤマアリは？

日本にすむアリのなかまのクロヤマアリは、地下に巣をつくります。コロニーには5000匹ほどのメンバーがいます。女王アリの一生の産卵数は、50000個といわれています。

えもののイモムシをはこぼうとするはたらきアリ。

日本のシロアリの代表であるヤマトシロアリの女王は、一生に数千万個を産卵した記録があります。

スローライフ対決 スローロリス vs. ナマケ

あくせくするのではなく、ゆったりのんびりとすごす生活のしかたをスローライフといいます。スロー（ゆっくり）というなまえがついた、サルのなかまのスローロリスと、ナマケモノはどっちの生活がスローライフでしょうか。

スローロリス

大きなナナフシのなかまをつかまえたスローロリス。

ゆっくりの動きがえものに気づかれない

東南アジア、インドなどの森林にすむ、体長30〜40cmほどの原始的なサルのなかまです。夜行性で、おもに昆虫、果実、種子などを食べます。なまえのとおり動きはとてもゆっくりで、えものの昆虫などつかまえられるか心配です。しかし、あまりにおそい動きで、かえって昆虫に気がつかれずに近づくことができるのです。
また、動きがおそいので、野生のネコなどの敵につかまりやすいのではないかとおもいます。しかし、うでの内がわからでるしげき性の液と、だ液をまぜて毒液をつくり、全身に毛づくろいしながらぬるので、敵が近よってきません。

子どもには、親が毛づくろいで自分の毒液をぬってやります

子ども

うでの内がわから、しげきのある液がにじみでます

ノドチャミユビナマケモノ。

ナマケモノ

からだに生えたコケがカモフラージュに

ナマケモノは、中央～南アメリカの森林にすみ、おもに木の葉を食べます。体長は 40～70cmで、食べるときもねむるときも、長いつめを木のえだにかけてぶら下がったままです。あまりに動きがないので、ナマケモノというなまえがつけられました。たしかに1日のうち15～20時間は寝ていますが、これはエネルギーを節約する生活スタイルだからです。このスローライフのために、毛にはコケが生えてカモフラージュとなって、野生のネコなどの敵にみつかりにくくなっています。あまり動かないナマケモノですが、泳ぎは得意で木から木に移動することができます。

泳ぐミツユビナマケモノ。

プラス1情報 ナマケとなまえがつく動物

ナマケとなまえがつく動物が、ほかにもいます。インドやスリランカにいるナマケグマです。体長は1.5～2mです。活発に動きまわって、食べ物のシロアリやアリ、果実などをさがします。このクマがナマケとなまえがついたのは、大きなかぎづめがナマケモノとにているからです。

大きなかぎづめは、シロアリの巣をこわすのに役立ちます。

勝者はどちら？ ナマケモノの勝ち！

動きはスローとはいえ、スローロリスは夜中に動きまわって昆虫などをとらえます。いっぽう、ナマケモノは省エネルギーの生活のために、1日に木の葉や果実をたった8gしか食べないといわれています。スローライフ、ナマケモノの勝ちです。

ナマケモノのなかまには、前足のゆびが3本のミユビナマケモノと、2本のフタユビナマケモノがいます。

ダンス対決 カンザシフウチョウ

フウチョウのなかまは約40種いて、ニューギニア、オーストラリアなどにすんでいます。これらのおおくが、オスがメスに対してすてきなダンスをして求愛します。ダンスじょうずなカンザシフウチョウとコウロコフウチョウ、どちらのダンスがすてきでしょうか。

メスは、上からオスのおどりをみます。

カンザシフウチョウ
頭をふりながらふくざつなダンスをする

カンザシフウチョウは繁殖期になると、オスはおどり場をきれいにそうじして、メスにふくざつなダンスをみせます。胸とわき腹の長い羽毛をふくらませ、それを背中まで広げます。頭をこまかくふりながら、左右にステップをふみます。立ちどまって、頭をはげしく左右にふりながら、胸の金属のように光る羽毛をみせつけます。羽毛はみる角度によって、黄色や青に変化します。

頭のワイヤーのようなかざりばねを前にのばし、はげしく頭を左右にふります。

頭をこまかく左右にふりながら左右にステップ。

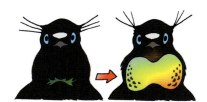

胸の金属のように光る羽毛を急にみせつけられると、黒い羽毛をバックにフラッシュのようです。

VS. コウロコフウチョウ

メスに気に入られるには、そうとうの練習がひつようです。

コウロコフウチョウ

つばさを広げて三三七拍子

繁殖期になると、オスはおどり場の木のえだで、上空にいるメスにむかって、つばさをまるく広げます。むねの青い金属のように光る羽毛、のどから腹の三日月形の白っぽいもようをみせます。メスが近くにやってくると、つばさをまるで三三七拍子のように、左右かわるがわるに広げてアピールします。

まるくつばさを広げてメスをさそいます。口の中が黄色くてとてもめだちます。

片がわのつばさをちぢめて、もう片がわを高くします。

つばさをぎゃくの形にします。これをくりかえし、だんだんはやくしていきます。

勝者はどちら？

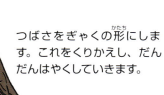

カンザシフウチョウの勝ち？

どちらの鳥もオスのダンスは、ユニークですてきです。あえて勝敗をつけるなら、ひじょうに手のこんだカンザシフウチョウの勝ちでしょうか。鳥のオスたちは、なみだぐましい努力をし、メスに気にいってもらえるようにがんばっているのですね。

フウチョウは極楽鳥ともよばれます。求愛のダンスをするおおくの種のオスの羽毛はきれいです。

群れの大きさ対決 コウモリ vs. ムクドリ

生き物は、大きな群れをつくることがあります。
群れをつくり、敵におそわれるリスクを分散しているのです。
東南アジアやインドなどにすむコウモリのなかまと、世界の各地にすむムクドリのなかまは、どちらが大きな群れをつくるでしょう。

コウモリ

どうくつから えささがしにでかける

東南アジアにすむヒダクチオヒキコウモリは、ひるまはどうくつにいて、日がしずむと昆虫などのえさをさがすために、どうくつを飛びたちます。200〜300万頭のコウモリがいるといわれていて、すべてのコウモリがでるのに、1時間以上もかかります。

日がしずむと群れをつくり、えさをとりにでかけるヒダクチオヒキコウモリ(タイ)。群れはかたちをかえて、まるで龍のように動きます。

ヒダクチオヒキコウモリ。どうくつの天井にぶら下がっています。

魚も大きな群れをつくる

プラス1情報

小さな魚も大きな群れをつくります。イワシのなかまの群れでは、ときに数十億匹という数になるといわれています。マグロなどの大きな魚、クジラ、カツオドリなどの鳥がイワシの群れをおそいます。

巨大なカタクチイワシの群れ。

巨大なヘビのようなかたちになったホシムクドリの群れ。

ムクドリ

大きな群れで行動する

世界の各地にすむホシムクドリは、えさをさがしにでかけたり、夜にねぐらに向かったりするときに、大きな群れをつくります。その数は100万羽になることもあります。天敵のタカ・ワシに対抗するためです。

昆虫や果実を食べるホシムクドリ。日本にも少数が冬にわたってきます。

なぜ群れをつくる？

これといった武器をもたない小さな生き物は、群れをつくって敵に対抗します。1対1だと、かくじつに自分がねらわれますが、たとえば3羽で群れると、ねらわれるリスクは、3分の1です。もし数万の群れなら、数万分の1とリスクはへります。

群れない

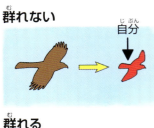

群れる

勝者はどちら？ コウモリの勝ち

タイのヒダクチオヒキコウモリのどうくつは、観光名所になっていて、かん板には「1億頭のコウモリ」と書いてありますが、じっさいは200〜300万頭だとされています。それでもヒダクチオヒキコウモリの勝ちです。大きな群れはかたちをかえ、まるで巨大な生き物のようで、敵がひるむ効果もあるのでしょう。

タイのヒダクチオヒキコウモリのふんは、農業の肥料にされています。

巣の大きさ対決 シュモクドリ vs. シャ

世界には、木の上にとてつもなく巨大な巣をつくる鳥がいます。いずれもアフリカにすむ鳥で、シュモクドリとシャカイハタオリといいます。どちらの巣が大きいでしょうか。

シュモクドリ

頭のかたちが鐘をつく撞木ににているので、シュモクドリといいます。全長50cmほどの鳥です。

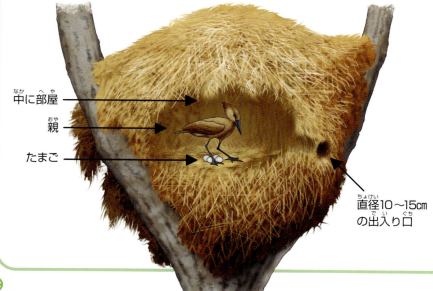

中に部屋
親
たまご
直径10〜15cmの出入り口

巣づくりに30〜40日かかる！

シュモクドリは、木のえだわかれしたところに、数千本の小さな枝、草、どろ、人間がだすごみなどで、直径2m以上もある、まるい巣をつくります。巣の重さは500kgにもなることがあります。完成までに30〜40日かかります。巣のまん中近くにまるい出入り口があり、中の部屋につづいています。この部屋で3〜6このたまごを生み、子育てをします。

カイハタオリ

シャカイハタオリ

巣の出入り口は、下に向いています。

まるで巨大なマンション！

シャカイハタオリは、アカシアの木や電柱などに、木のえだで巣をつくります。巣の直径は5mにもなり、この中に小さな巣あなが100以上あり、それぞれに1家族ずつ、合わせて300羽ものシャカイハタオリがすんでいます。まるで巨大なマンションです。巣は増築されながら、長年使われつづけます。とくに巨大なものは、直径10mをこえます。

出入り口からかおをだすシャカイハタオリ。全長14cmの鳥です。

食べ物をはこんできた親

ひな

勝者はどちら！？

ぜんたいの大きさで シャカイハタオリ ひとつの大きさで シュモクドリ

木の上につくられる巣で、シャカイハタオリの巣が世界最大です。しかしシャカイハタオリの巣は、100以上の小さな巣が集まったものです。ひとつの巣の大きさで勝負すれば、シュモクドリの巣が勝ちとなります。

シュモクドリの巣の重さで、木のえだがおれることもあるといわれています。

登場する生き物のかいせつ

アオウミウシ 10
- 体長 約4cm
- 分布 本州～九州の沿岸

海にすむ小型のウミウシで、カイメンを食べます。

イノシシ 14-15
- 体長 0.9～1.8m
- 体重 50～200kg ●分布 本州～九州

オスは単独で行動し、メスは子どもをつれて行動します。鼻でイモ、植物の茎、果実、昆虫、小動物などをさがして食べます。5頭ほどの子どもを生みます。

ウシ 16-17
約8000年前に西アジアで、野生のウシのなかまから家畜化されました。肉や牛乳をとるために、ホルスタイン種、黒毛和種、ヘレフォード種など、たくさんの品種が作出されています。

ウデフリツノザヤウミウシ 10
- 体長 3～6cm
- 分布 本州中部以南の沿岸

海にすむ小型のウミウシで、コケムシを食べるといわれています。

ウミウシ 10-11
巻貝のなかまで、海にすんでいます。貝がらはからだの中にうもれているか、なくなっています。肉食も草食もいます。

エミュー 20-21
- 全長 1.7m ●分布 オーストラリア

ダチョウのなかまで、つばさは退化していて、飛ぶことはできませんが、最高時速50km以上で走ることができます。求愛はメスがして、産卵したあとは、たまごやヒナのせわはオスがします。

オトヒメウミウシ 10
- 体長 約4.5cm
- 分布 本州中部以南の沿岸

海にすむ小型のウミウシです。

カ

カタクチイワシ 30
- 全長 約14cm ●分布 西太平洋

イワシのなかまで、巨大な群れをつくりながら、プランクトンを食べます。クジラ、イルカ、イカ、カツオなど、いろいろな動物食の生き物の主要な食べ物となっています。シラスはおもにカタクチイワシの稚魚です。

カンザシフウチョウ 28-29
- 全長 26cm ●分布 ニューギニア

おどり場をつくり、メスの前で、金属光沢のある羽毛をみせつけながら、ふくざつなダンスをして求愛します。メスが気にいれば交尾ができます。

キオビヤドクガエル 11
- 体長 3～3.8cm ●分布 南アメリカ

森林にすみ、昆虫やクモなどを食べます。皮ふに毒があります。この毒は、食べ物のアリからとったものといわれています。ふ化したオタマジャクシを、オスが背中にのせて水のある場所へはこびます。

キジバト 16
- 全長 33cm ●分布 日本全国

市街地にもよくいて、街路樹などに巣をかけて子育てをします。種子や果実を食べます。

クロザル 8-9
- 体長 約60cm ●体重 6～11kg
- 分布 インドネシアのスラウェシ島

30～50頭ほどの群れでくらします。おたがいのあらそいをさけ、コミュニケーションをとるために、豊かな表情を使いわけます。果実、葉、昆虫、小動物などを食べます。

クロヤマアリ 25
- 体長 4～6mm（はたらきアリ）
- 分布 北海道～九州

草原、平地の公園などの地下に巣をつくります。身近でみられるアリです。

コアラ 6-7
- 体長 72～78cm ●体重 4～15kg
- 分布 オーストラリア東部

母親のお腹のふくろの中で、子どもを大きく育てる有袋類です。ユーカリの林にいて、葉や芽を食べます。ユーカリには毒がありますが、コアラの大きな盲腸は、毒を分解する物質があり、またかたい葉を消化するために、微生物をすまわせています。

コウモリ 30-31
前足に皮まくが発達し、空を飛ぶほ乳類で、南極以外の世界中にたくさんの種類がいます。

コウロコフウチョウ 28-29
- 全長 25cm ●分布 オーストラリア

熱帯雨林にすみます。オスは繁殖の時期になると、木のえだのおどり場で、つばさをまるく広げたり、片方ずつ広げたりしながら、メスをかきいだくようにダンスをします。メスが気にいれば交尾ができます。

コオイムシ 22-23
- 体長 1.5～2cm ●分布 本州～九州

池、沼、水田にいて、はりのような口をさして、ほかの昆虫の体液を吸うカメムシのなかまです。メスは、オスの背中に産卵し、オスはふ化するまで、たまごをせおいます。

コノハムシ 12-13
東南アジアの森林にいるナナフシに近い昆虫で、20種ほどがいます。体長6～8cmで、種によっては、木の葉にそっくりです。木の葉を食べます。

コバルトヤドクガエル 11
- 体長 3～4.5cm ●分布 南アメリカ

森林の川にすみます。アリ、シロアリなどを食べます。皮ふに神経毒があります。毒は、食べたアリなどからとったものです。

サ

シャカイハタオリ 32-33
- 全長 14cm ●分布 南アフリカ

スズメサイズの小さな鳥です。種子や昆虫を食べます。木、電柱に巨大な巣をつくります。巣は何室にもわかれていて、それぞれつがいが使います。100年以上使われている巣もあります。

シュモクドリ 32-33
- 全長 約50cm
- 分布 中央～南アメリカ

川、沼、湿地などにいて、魚、昆虫などを食べます。木の上に、オスとメスで、えだやかれ草で巨大な巣をつくります。巣の中は部屋になっていて、1回の繁殖で3〜6個のたまごを育てます。

シロアリ 24-25

ゴキブリに近い昆虫です。女王、王、兵アリ、はたらきアリなどからなるコロニーをつくります。おもにくち木を食べますが、木のセルロースを分解して栄養分にするのは、腸内にすむ微生物です。巨大なシロアリ塚とよばれる巣をつくるシロアリは、アフリカ、東南アジア、オーストラリア、南アメリカにいます。

シンデレラウミウシ 10

- ●体長 約4cm
- ●分布 本州中部以南の沿岸

海にすむ小型のウミウシで、カイメンを食べます。

スローロリス 26-27

- ●体長 30〜40cm
- ●体重 620〜680g
- ●分布 東南アジア

原始的なサルで、森林にすみます。夜行性で、ゆっくり動きながら、昆虫や小鳥などをとらえて食べます。うでの内がわからでる液と、だ液をまぜて毒液をつくり、からだにぬります。

セスジミノウミウシ 10

- ●体長 1〜3cm
- ●分布 北海道〜南西諸島

海にすむ小型のウミウシで、ヒドラ類を食べます。

ダーウィンレア 21

- ●全長 約1m ●分布 南アメリカ

ダチョウのなかまで、つばさは退化していて飛べませんが、最高時速60kmで走ることができます。開けた草原にいます。オスがたまごをあたため、ヒナも育てます。

タガメ 22-23

- ●体長 5〜6.5cm
- ●分布 本州〜南西諸島

池、沼、水田にいて、魚やカエルをつかまえて、はりのような口をさして、体液を吸うカメムシのなかまです。メスは水辺のくいや、草の茎にたまごを生みつけます。ふ化するまで、たまごがかんそうしないように水をかけるなど、オスがずっとせわをします。

ダチョウ 21

- ●全長 2.3m
- ●分布 中央〜南アメリカ

いま生きている鳥で最大です。サバンナにくらし、つばさは退化して飛べませんが、最高時速70kmというスピードで走ることができます。植物や昆虫などを食べます。オス、メス共同で子育てをします。

タマシギ 20-21

- ●全長 22〜28cm
- ●分布 本州中部以南

水田や湿地にいて、ミミズや昆虫、種子などを食べます。オスよりメスがきれいで、からだも大きく、メスから求愛します。オスが用意した巣にたまごを生むと、メスはほかのオスを求めてはなれます。のこされたオスは、たまごをあたため、ふ化した後も、ヒナをつれて育てます。

トサカレンカク 21

- ●全長 20〜27cm ●分布 東南アジア、ニューギニア、オーストラリア北部

熱帯地域の池や湖にいる鳥です。長い足と、長い足ゆびをしていて、水面にうかぶ植物の葉の上を歩いて、種子や水生昆虫を食べます。たまごをあたためたり、ヒナのせわをしたりするのはオスの役目です。オスははねでヒナをだっこして、葉の上を移動します。

ナナフシ 12

- ●体長 6〜10cm ●分布 本州〜九州

雑木林にすみます。木のえだにそっくりに擬態しています。いろいろな木の葉を食べます。オスはめずらしく、メスだけで繁殖します。

ナマケグマ 27

- ●体長 1.5〜2m ●体重 90〜140kg
- ●分布 インド、スリランカ

草原や林にすみます。ナマケモノのような長くまがったつめをもっているので、このなまえがあります。日中にかつどうし、長いつめでシロアリ塚をこわして、シロアリをなめとったり、昆虫、果実などを食べます。母親は、子どもを背中にのせて移動します。

ナマケモノ 26-27

- ●体長 約40〜80cm
- ●分布 中央〜南アメリカ

南アメリカ、中央アメリカの森林にすむほ乳類で、5種います。いつも木にぶら下がってくらしているので、毛のながれが腹から背にむかっています。食べ物は葉や芽で、たまに木からおりて、ふんと尿をします。動きはとてもゆっくりです。

ノドチャミユビナマケモノ 27

- ●体長 40〜77cm
- ●体重 2.3〜5.5kg
- ●分布 中央〜南アメリカ

森林にすむ、日中は木のえだにぶら下がっています。1日に葉を数まい食べるだけの省エネルギー生活です。

ハイエナ 19

アフリカ、トルコ、アラビア半島などに分布する中〜大型の肉食獣です。ブチハイエナ、シマハイエナ、カッショクハイエナ、アードウルフの4種がいます。

ハイユウヤドクガエル 11

- ●体長 2.5〜4cm ●分布 南アメリカ

森林にすみます。もように変化があります。皮ふに毒があります。オタマジャクシは、母親があたえる受精していないたまごを食べて育ちます。

ハキリアリ 24-25

- ●体長 3〜20mm ●分布 北アメリカ東南部〜南アメリカ

熱帯雨林にすみ、女王アリ、兵アリ、はたらきアリからなる大きなコロニーをつくります。植物の葉を切りとり、地下にある巣にはこび、菌をうえつけてキノコを育てて食べ物にします。

ハト 16-17

日本にはドバト、キジバト、アオバトなどがいます。成鳥は種子や果実を食べま

すが、ヒナにはかたすぎるので、そのうでつくるピジョンミルクをオス親、メス親ともにヒナにあたえます。また、くちばしを水につけたまま飲むことができるのも、ハトのなかまのとくちょうです。

ハナカマキリ 12-13
- ●体長 約8cm ●分布 東南アジア

ランの花に擬態していて、花とまちがえて蜜を吸いにくる昆虫を、かまのような前足でとらえます。えものの昆虫のフェロモンまでにせた物質をだして、さそっています。

パンダ 6-7
- ●体長 1.2～1.5m
- ●体重 75～160kg
- ●分布 中国の中西部の山地

クマ科の大型動物です。雑食性ですが、おもにタケを食べます。手首の骨が大きくなったでっぱりがふたつあり、それらの骨とゆびとでタケをじょうずにつかむことができます。1回の出産で1～2頭の子どもを生みます。生まれたての子どもは体重100～150gと小さく、半年ほどは母親といっしょにいます。中国では保護区を設けて、野生のパンダを保護しています。

ヒクイドリ 21
- ●全長 1.5m
- ●分布 オーストラリア、ニューギニア

ダチョウのなかまで、つばさは退化していて飛べません。森林内を歩いて、果実や種子を食べます。オスがたまごをあたため、ヒナの世話もします。

ヒダクチオヒキコウモリ 30-31
- ●前あしのひじから手首の長さ 4.6～5cm
- ●体重 約15g ●分布 東南アジア

尾が長く、皮まくからでています。がけのどうくつにすみ、夜になるとどうくつをでて、昆虫などを食べます。

フウチョウ 28-29
ニューギニア、オーストラリアにいる鳥で、極楽鳥ともよばれます。オスは美しいはねをしていて、種によってどくとくのダンスをしてメスに求愛します。ヨーロッパに標本がとどいたときに、足がなかったので、風にただよう鳥、風鳥とよばれました。

ブタ 14-15
約1万年前から、アジアやヨーロッパの各地で、野生のイノシシをもとに家畜化されてきました。おもに肉をとるためにヨークシャー種、ランドレース種、黒豚などたくさんの品種が作出されています。たくさん肉がとれるように、胴が長くなり、また、たくさんの子どもが生めるようになりました。

フタユビナマケモノ 27
ナマケモノのうち、前足のゆびが2本、後ろ足のゆびが3本のなかまです。ホフマンナマケモノ、フタユビナマケモノの2種がいます。

ブチハイエナ 18-19
- ●体長 1～1.8m ●体重 40～85kg
- ●分布 アフリカ

サバンナにいます。20～80頭の群れをつくります。からだはオスよりメスが大きく、メスのほうが立場が上で、群れのリーダーはもっとも強いメスです。ヌーやガゼルなどを群れで狩ります。歯ががんじょうで、えものを骨ごとくだいて食べることができます。

フラミンゴ 17
長い首と足をもつ大型の鳥です。アフリカ、ヨーロッパ南部、南アメリカのひがたや塩湖に、大きな群れでいます。水の中にいるプランクトンを、口の中のブラシでこしとって食べます。ヒナには、オス親、メス親ともに、そのうでつくられるフラミンゴミルクをあたえて育てます。

ホシムクドリ 31
- ●全長 21cm ●分布 ヨーロッパ、西アジア、アフリカ北部

農耕地や市街地の林にいて、昆虫や果実を食べます。ヨーロッパでは、巨大な群れをつくります。アメリカ、オーストラリアなどに分布を広げています。

ミユビナマケモノ 27
ナマケモノのうち、足ゆびが3本のなかまです。ノドチャミユビナマケモノ、ノドジロミユビナマケモノ、タテガミナマケモノがいます。

ムクドリ 30-31
植物の種子、昆虫、クモなどを食べる雑食性の鳥です。

メガネザル 8-9
- ●体長 10～15cm
- ●体重 100～120g
- ●分布 東南アジアの島

目の大きなサルで、繁殖期以外は単独行動をします。木の上で生活しています。夜行性で、音をたよりに昆虫や小動物をさがし、とびついてとらえます。

モウドクフキヤガエル 11
- ●体長 5～6cm ●分布 南アメリカ

湿った森林にすみます。昆虫やクモなどを食べます。皮ふに強力な神経毒があります。

ヤドクガエル 10-11
北アメリカ南部～南アメリカにいるカエルで、おおくの種が皮ふに毒があります。原住民は、ふき矢のさきにこの毒をぬって、狩りに使いました。

ヤマトシロアリ 25
- ●体長 4～6mm（はたらきアリ）
- ●分布 北海道～南西諸島

女王、王、兵アリ、はたらきアリからなるコロニーをつくります。くち木の内部に巣をつくり、くち木を食べます。

ワオキツネザル 18-19
- ●体長 31～48cm
- ●体重 2.5～2.8kg
- ●分布 マダガスカル

原始的なサルです。50～60cmの長い尾をもっています。母と子を中心にした、20頭ほどの群れでくらします。オスよりメスが立場が上で、となり合う群れと、なわばりをあらそうのもメスのやくわりです。果実や葉を食べます。

さくいん

ア
- アオウミウシ — 10
- アリ — 24-25
- イノシシ — 14-15
- ウシ — 16-17
- ウデフリツノザヤウミウシ — 10
- ウミウシ — 10-11
- ウリ坊 — 15
- エミュー — 20-21
- オトヒメウミウシ — 10

カ
- カタクチイワシ — 30
- カメムシ — 22-23
- カモフラージュ — 27
- カンザシフウチョウ — 28-29
- キオビヤドクガエル — 11
- キジバト — 16
- 擬態 — 13
- クロザル — 8-9
- クロヤマアリ — 25
- コアラ — 6-7
- コウモリ — 30-31
- コウロコフウチョウ — 28-29
- コオイムシ — 22-23
- 極楽鳥 — 29
- コノハムシ — 12-13
- コバルトヤドクガエル — 11
- コロニー — 24-25

サ
- シャカイハタオリ — 32-33
- シュモクドリ — 32-33
- シロアリ — 24-25
- シロアリ塚 — 25
- シンデレラウミウシ — 10
- スローロリス — 26-27
- セスジミノウミウシ — 10
- そのう — 16-17

タ
- ダーウィンレア — 21
- タガメ — 22-23
- ダチョウ — 21
- タマシギ — 20-21
- トサカレンカク — 21

ナ
- ナナフシ — 12
- ナマケグマ — 27
- ナマケモノ — 26-27
- ノドチャミユビナマケモノ — 27

ハ
- ハイエナ — 19
- ハイユウヤドクガエル — 11
- ハキリアリ — 24-25
- ハト — 16-17
- ハナアブ — 13
- ハナカマキリ — 12-13
- パンダ（ジャイアントパンダ）— 6-7
- ヒクイドリ — 21
- ピジョンミルク — 16-17
- ヒダクチオヒキコウモリ — 30-31
- フウチョウ — 28-29
- フェロモン — 13
- ブタ — 14-15
- フタユビナマケモノ — 27
- ブチハイエナ — 18-19
- フラミンゴ — 17
- ホシムクドリ — 31

マ
- ミユビナマケモノ — 27
- ムクドリ — 30-31
- メガネザル — 8-9
- モウドクフキヤガエル — 11

ヤ
- ヤドクガエル — 10-11
- ヤマトシロアリ — 25
- 有袋類 — 6

ワ
- ワオキツネザル — 18-19

対決について
この本のシリーズでは、いろいろな生き物どうしの対決をテーマにとりあげています。
中には「アロサウルス vs. ティラノサウルス」というように、生きていた時代がちがっていたり、「ハト vs. ウシ」というように、まるでちがった生き物を対決させて、現実にはありえないようなテーマもあります。でも、その生き物たちの習性や能力をかんがえながら、想像力をふくらませて対決させてみると、それぞれの生き物がもつすばらしい力に気がつくことがあります。
また対決ですので、勝ち負けをつけてあります。はっきりいえる対決もありますが、印象で勝ち負けをつけたものもあります。ただ、勝ち負けをつけても、どちらがすぐれていたり、おとっていたりということではありません。それぞれの生き物は、自分の生きる環境に最高に適応していることはいうまでもありません。

編集部

監修 小宮輝之（こみや・てるゆき）

1947年東京都生まれ。恩賜上野動物園元園長。明治大学農学部卒業後、多摩動物公園に勤務。多摩動物公園飼育課長、恩賜上野動物園飼育課長などを経て、2004年から2011年まで恩賜上野動物園園長を務める。『日本の哺乳類』（学習研究社）『ほんとのおおきさ動物園』（小学館）『ずらーりウンチ ならべてみると』（アリス館）など著書・監修書多数。

構成・文 有沢重雄（ありさわ・しげお）

1953年高知県生まれ。自然科学分野を専門にするライター・編集者。著書『自由研究図鑑』『校庭のざっ草』（福音館書店）『かいてぬってどうぶつえんらくがきちょう』（アリス館）など。多くの図鑑編集にもたずさわっている。

どっちが強い？ どっちがスゴイ？
生き物対決スタジアム
❹おもしろ対決

【監修】小宮輝之（恩賜上野動物園 元園長）
【構成・文】有沢重雄
【イラスト】今井桂三
【装丁・本文デザイン】ランドリーグラフィックス
【写真提供】OASIS（オアシス）／PIXTA／フォトライブラリー／PPS通信社
　　　　　　／名古屋港水族館
【協力】埼玉県深谷市

2016年9月1日　初版第1刷発行
発行者　木内洋育
編集担当　熊谷満
発行所　株式会社旬報社
〒112-0015
東京都文京区目白台2-14-13
TEL 03-3943-9911
FAX 03-3943-8396
HP http://www.junposha.com/

印刷　シナノ印刷株式会社
製本　株式会社ハッコー製本

©Shigeo Arisawa 2016, Printed in Japan
ISBN978-4-8451-1475-7